国标解读

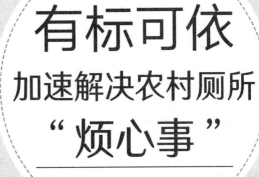

有标可依
加速解决农村厕所
"烦心事"

杨 波 郑向群 主编

厕屋

中国农业出版社
北 京

图书在版编目（CIP）数据

有标可依：加速解决农村厕所"烦心事"/杨波，郑向群主编．—北京：中国农业出版社，2021.12
ISBN 978-7-109-28420-3

Ⅰ.①有… Ⅱ.①杨… ②郑… Ⅲ.①农村卫生－改良厕所 Ⅳ.①TU241.②R127.4

中国版本图书馆CIP数据核字（2021）第122760号

中国农业出版社出版

地址：北京市朝阳区麦子店街18号楼　　　邮编：100125
责任编辑：郭　科
版式设计：杜　然　责任校对：刘丽香　　责任印制：王　宏
印刷：中农印务有限公司　　　　　　　　版次：2021年12月第1版
印次：2021年12月北京第1次印刷　　　　发行：新华书店北京发行所
开本：787mm×1092mm　1/24　　　　　印张：8⅓
字数：100千字
定价：45.00元

主　编　杨　波　郑向群

副主编　张春雪　彭　皓　魏孝承

参　编　王　强　柳　博　高　艺

　　　　曹昊宇　徐　艳　张　韬

前　言

　　农村"厕所革命"是提高农村人居环境治理效果的重要环节，是关系广大农村居民幸福生活福祉、决胜全面建成小康社会的重要内容，更是乡村振兴提质增效的关键组成。为配合各地主管部门相关工作顺利执行和实施，加强和提高农村改厕工作的实效和技术水平，贯彻执行中共中央　国务院发布的《关于实施乡村振兴战略的意见》和习近平总书记关于农村"厕所革命"的重要指示，推进农村人居环境整治工作，2020 年 1 月农业农村部农产品质量安全监管司印发了《关于下达〈农村三格式户厕建设技术规范〉等 3 项行业标准制定项目任务的通知》（农质标函〔2020〕5 号），经农业农村部社会事业发展促进司批准，这 3 项行业标准制定项目被正式列入 2020 年农业农村部标准制修订项目计划。《农村三格式户厕建设技术规范》（GB/T 38836—2020）由农业农村部环境保护科研监测所等单位起草，由中华人民共和国农业农村部提出并归口。

　　农村三格式户厕是目前各地农村改厕工作中采用较多的一种模式，农民接受程度也比较高。三格式户厕虽然看似简单，实则有一定的技术含量，是个系统工程，任何一个环节出了问题都有可能使改厕失败，导致群众不愿使用。为此，《农村三格式户厕建设技术规范》聚焦农村三格式户厕建设的全过程，对设计、施工、验收等内容进行了规范。但村民或是一线施工人员对标准化的语言理解起来可能较为困难，或是对标准理解不清，凭着感觉走，或是面临无所适从，不知如何下手的窘况。为此，本书将每一条标准条款与其背后的制定考量一一对应，同时结合通俗易懂的图片，让每一位拿到此书的人都能够把标准摸清吃透。

编　者

2021 年 6 月

目　录

前言

改善地方改厕无标可依，规范农村"厕所革命"

　　当前农村改厕工作推进过程中出现了一些亟待解决的问题，比如农村改厕施工单位由于缺乏规范性统一监管，全国各地缺乏普适性的农村改厕建设技术规范，使农村改厕施工单位无标可依，导致农村改厕施工存在安全隐患。在改厕完成后，容易出现化粪池水泥盖板破损、坐便器安装不规范等问题，最终造成农村参与改厕积极性不高。因此，《农村三格式户厕建设技术规范》（GB/T 38836—2020）的制定对指导地方改厕，规范农村"厕所革命"，具有重要的现实意义。

推进国家乡村振兴战略，引领改厕前瞻性发展

　　"厕所革命"在科技层面涉及环境、卫生、设计、材料、机械、暖通等多个专业，要从国家层面进行顶层设计，针对发展不平衡的区域制定具体目标、行动计划及相关标准和规范。农村"厕所革命"是实施国家乡村振兴战略中重要的一环，加快推进农村改厕工作进程，为乡村振兴战略的顺利实施提供坚实的硬件基础支撑。同时，"厕所革命"迫切需要提高农村改厕的技术创新力度，加强应用技术研究，解决农村改厕的技术瓶颈问题，探索适宜的卫生厕所改造模式。因此，为提升我国改厕技术水平，深层次推进农村"厕所革命"进程，引领国内外改厕技术前沿性发展，亟待制定改厕相关标准规范。

推动农村"厕所革命"纠偏,
打赢改厕攻坚战

目前农村改厕工作中存在改厕产品、改厕工程建设质量不合格,改厕验收不规范等问题,甚至出现农村改厕技术路线不正确、方向性不明晰,缺乏正确的理论和技术指导等现象。因此,《农村三格式户厕建设技术规范》(GB/T 38836—2020)的制定旨在加快推动我国农村改厕工作规范化、标准化发展,加强农村改厕工作的管理,科学地指导农村三格式户厕建设,加快农村"厕所革命"进程,进一步改善农村人居环境条件,保障农村居民身体健康,为农村"厕所革命"的推进发挥积极的引导作用。农村改厕相关标准规范的制定对于科学评价农村改厕效果,正确引导农村改厕技术模式,提高改厕质量具有重要意义。

标准拟解决的问题

　　《农村三格式户厕建设技术规范》的制定主要围绕解决以下2个问题：

　　（1）规范农村三格式户厕基本规定、厕屋及卫生器具、三格化粪池、建造与验收，使农村三格式户厕建设工作有据可依。

　　（2）解决化粪池市场材料质量参差不齐的乱象。

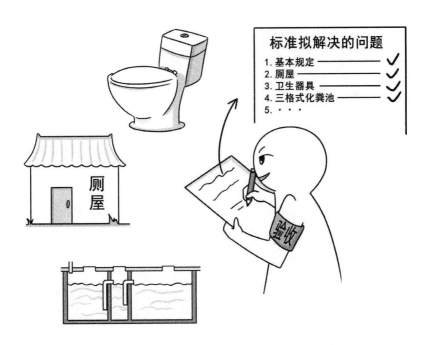

标准编制原则

依法编制原则

本标准属于农村三格式户厕改造中设计、施工和验收技术规范。旨在为农村"厕所革命"的顺利实施提供技术支撑。因此，本标准编制必须依据《中华人民共和国农业法》《中华人民共和国环境保护法》《中华人民共和国土壤污染防治法》等法律法规的相关规定。参照我国标准编制要求中相关规定进行编制。

科学性原则

本标准属于技术规范，与技术政策、技术法规存在明确差异，因此，标准编制过程一定要坚持科学性，通过科学方式表达调查技术，尤其是宏观调查技术及基本要点，避免偏向技术政策与技术法规。

实用性原则

　　充分吸取我国各地农村三格式户厕改造实践经验，利用已经成熟的技术研究成果，以科学和实践为准则，兼顾合理性和可行性，完善农村三格式户厕在设计、施工和验收等方面的技术要求。同时具有较强的可操作性，应与我国不同地区农村环境因素、经济、技术发展水平相适应。

协调性原则

本标准研制过程参考了《农村户厕卫生规范》（GB 19379）和《粪便无害化卫生要求》（GB 7959）等国家标准，并在此基础上结合农村三格式户厕特点做相应调整。同时参考了《塑料化粪池》（CJ/T 489）和《玻璃钢化粪池技术要求》（CJ/T 409）等行业标准，标准内容与现行标准协调一致。

前瞻性原则

　　在兼顾当前我国农村三格式户厕设计、施工和验收全过程实际情况的同时，考虑到农村人居环境未来的发展方向以及农民生活质量的提升，必然会带来改厕产品转型、升级等要求，因此本标准设置了部分前瞻性条款，引导农村三格式户厕建设方向。

规范条例解释

对《农村三格式户厕建设技术规范》（GB/T 38836—2020）条例进行解读。

1　范围

本标准规定了农村三格式户厕建设的基本要求、设计要求、安装与施工要求、工程质量验收要求。

本标准适用于农村三格式户厕的新建或改建。

本标准对户厕的选址、厕屋结构、卫生洁具的使用、三格化粪池的基本结构、设备选型、容积选型、外观、材料、施工、基坑开挖与回填等农村三格式户厕新建或改建的全过程进行规定。适用于我国农村三格式户厕改造的设计、建造、验收与管理。

2　规范性引用文件

　　GB/T 6952　卫生陶瓷

　　GB/T 14152　热塑性塑料管材耐外冲击性能试验方法　时针旋转法

　　GB 19379　农村户厕卫生规范

　　GB 50268　给水排水管道工程施工及验收规范

　　CJ/T 409　玻璃钢化粪池技术要求

　　CJ/T 489　塑料化粪池

　　JC/T 2116　非陶瓷类卫生洁具

　　本标准中明确引用了 7 个标准文件，这些文件对于本标准的应用都是必不可少的。

3 术语和定义

3.1 三格化粪池 three-compartment septic tank

由三个相互串联的池体组成，经过密闭环境下粪污沉降、厌氧消化等过程，去除和杀灭寄生虫卵等病原体，控制蚊蝇滋生的粪污无害化处理与贮存设施或设备。

3.2 农村三格式户厕 rural household latrine with three-compartment septic tank

由厕屋、卫生洁具、三格化粪池等部分组成，利用三格化粪池对厕所粪污无害化处理的农村户用厕所。

3.3 粪污 night soil sewage

由人体排泄的粪和尿及其冲洗污水组成的混合物。

3.4　三格化粪池有效容积 available volume of three-compartment septic tank

三格化粪池过粪管溢流口下沿距池底的容积。

本标准共涉及4个重要术语：三格化粪池、农村三格式户厕、粪污、三格化粪池有效容积。其中，农村三格式户厕借鉴了《农村户厕卫生规范》（GB 19379）关于三格化粪池厕所的定义，并将三格化粪池划分为整体式三格化粪池、现场建造式三格化粪池，涵盖了目前市场上应用最广泛的两种类型。考虑到当前市场上三格化粪池仅以过粪管下沿以下空间为实际粪污贮存空间，而实际贮存空间决定了粪污在各格池的停留时间及其无害化效果，如将化粪池总容积等同于有效容积，粪污在各池的停留时间将减少，粪便无法在化粪池内完成充分发酵，达不到《粪便无害化卫生要求》（GB 7959）的规定，因此本标准定义了有效容积的概念，并将三格化粪池过粪管下沿以下空间定义为三格化粪池的有效容积。

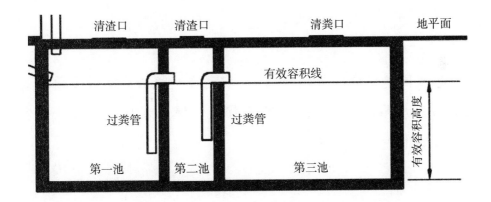

4　基本要求

4.1　应遵循安全、卫生、环保、经济、适用的原则。

　　依据我国建设资源节约型社会、实施乡村振兴战略的重要部署，农村三格式户厕建设既要坚持生态优先、绿色发展，也要符合农村经济发展水平和村民生活习惯。

4.2　应统筹自然环境、经济状况、村镇规划、居民习惯等因素，因地制宜制定技术方案。

我国幅员辽阔，各地区气候、地形地貌、农业生产方式、生活习惯、经济条件和民俗均不相同。因此要坚持因地制宜、分类指导、合理布局、循序渐进，合理确定改厕类型与技术模式，并与后续利用设施相衔接。

4.3　应具有水冲条件，应有粪污清淘机制或就地资源化利用条件。

　　三格式户厕本质上来说是一种水冲厕所。冲水首先为了稀释粪便，确保粪便能有效进行液化和厌氧发酵，其次也是为了将粪便冲进化粪池，保持便器清洁。因此三格式户厕建造的地方应具备水冲条件。同时第三格出水已经达到无害化，可以就地利用。

4.4 宜统筹考虑厕所粪污的就地处理，可在三格化粪池末端增加土地处理场等功能模块。

三格化粪池第三池出来的粪液已经实现无害化，可以作为肥料回用农田。因此，在三格式户厕建设过程中应统筹考虑粪便的就地处理和利用，可在三格化粪池末端增加土地处理场等功能模块。对于目前粪污就地处理方式中常用的四格化粪池，本条规定其前三格的设计应符合本规范的要求，确保实现粪污的无害化。

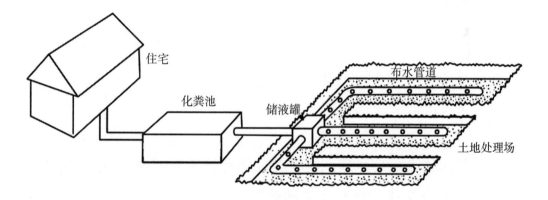

5　设计要求

5.1　一般要求

5.1.1　农村三格式户厕建设应与村庄住宅建筑相协调，充分利用现有基础设施和地理条件。依托已有房屋改建厕屋时，不应影响房屋主体结构使用的安全性。

　　农村三格式户厕建造或改建要遵循村镇的统一规划，合理选址。在保证原有房屋建筑结构安全的情况下，优先考虑利用原有房屋建筑进行改造，不仅省时省料，也方便农民使用；实在不具备条件的也可在原有农户房屋建筑外部独立建造。

5.1.2　农村三格式户厕建设应依据家庭经济条件、常住人口数、冲水量、清淘能力和就地利用能力等合理选用设备和参数。

　　当前城镇化进程加快，农村进城务工的农民增加，农村留守人员减少。为避免过度消费资源，农村三格式户厕的建造要在考虑家庭常住人口数的基础上选择合适容量的化粪池。

5.1.3　农村三格式户厕的卫生要求应符合 GB 19379 的规定。

　　农村厕所的建设就是为了保障农民的如厕环境卫生，改善农民的人居环境。如果连基本的卫生要求都无法满足，那么改厕的效果是失败的。现行的国家标准《农村户厕卫生规范》（GB 19379）规定了农村三格式户厕的卫生要求，应参照该标准执行。

5.1.4　洗涤和厨房污水等生活杂排水不应排入化粪池。

　　本条规定了化粪池的进水要求。由于洗涤用水中含有大量的表面活性剂，而厨房污水含有动植物油等有机物和悬浮物等，这两种废水如果进入化粪池，不仅会影响粪便的发酵，还会侵占化粪池的体积，使得化粪池的无害化效果大打折扣，同时提高了清淘频次，增加了清淘成本。

5.1.5 农村三格式户厕构造示意图参见附录 A。

附录 A 给出了过粪管为倒 L 形的农村三格式户厕构造示意图。

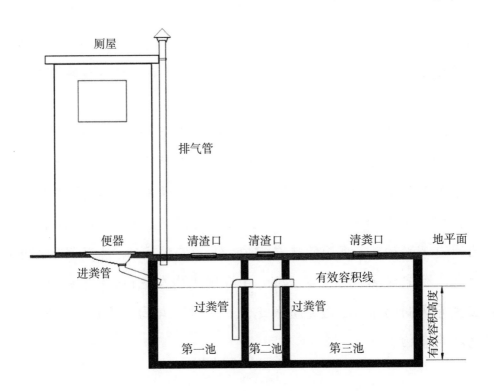

5.2　选址

5.2.1　厕屋宜"进院入室"，优先建在室内。庭院内的独立式厕屋应根据庭院布局合理安排，方便如厕，宜与厨房形成有效隔离。

农村三格式户厕建设是为了让农民群众生活质量得到提升，改造过程中应充分尊重农民意愿，确保农户使用方便，不影响起居。本标准起草组调研发现，约有64.5%的农户希望厕所能够"进院入室"，但前提是解决臭气逸散和卫生清洁问题。对于新建住宅或室内已通自来水的，宜将厕所建在室内，统一安排厕所、洗漱间和浴室；对于老式住宅或尚未通自来水的，宜将厕所建在院内，位置相对隐蔽，建在主导风向的下方，避免臭气逸散；同时要与厨房形成有效隔离，避免污染食物。

要在下风口，远离厨房

远一些

5.2.2 化粪池选址应避开低洼和积水地带，远离地表水体。

　　化粪池选址时，应根据村庄规划，选择地势略高、土质坚实、地下水位较低的地方建造，防止粪污渗漏造成土壤、水质污染。为避免所产生的臭气、潮气对日常生活的干扰，同时避免引发二次污染，化粪池选址要远离厨房、道路、饮用水源和地表水体等。

5.2.3 化粪池应靠近厕屋，并留足公共清淘空间和通道，清淘车辆和设施进出方便。

　　为减少管道长度，缩短输粪距离，同时避免管道堵塞，三格化粪池选址应靠近厕屋。因为三格式户厕化粪池需要定期清淘，清淘一般采用清淘设施或吸污车进行，如果空间不够，清淘设施或吸污车无法进出，不能完成清淘，将影响正常使用，因此要留足清淘空间和通道。

5.3　厕屋

5.3.1　厕屋结构应完整、安全、可靠，可采用砖石、混凝土、轻型装配式结构。

　　厕屋是人经常使用的场所，不能忽略建造质量，保证安全是基本要求。如南方地区雨水较多，厕屋应考虑防雨防倒灌；北方地区冬季温度低，厕屋应考虑保温。砖石、混凝土等常用材料都可用于厕屋的建设。

砖石

混凝土

5.3.2 厕屋建设应采用环保节能材料，宜选用当地可再生材料。

　　为响应环境可持续发展号召，在厕屋建设材料选用时，应符合国家环保要求。针对农村户厕改扩建，优先选用原厕屋拆除的可再利用材料，提高资源的利用率。

5.3.3　厕屋净面积不应小于 $1.2\ \mathrm{m}^2$，独立式厕屋净高不应小于 $2.0\ \mathrm{m}$。

　　虽然《农村户厕卫生规范》（GB 19379）对厕屋面积、地面高度等作出了规定，但本标准起草组在实地调研中发现，$1.2\ \mathrm{m}^2$ 的厕屋在配套了洗手、照明、保温、通风设施设备后，如厕和转身较为困难，群众意见较大，如厕体验不好。在与现行标准相协调的前提下，依据人体工学，调整为净面积不小于 $1.2\ \mathrm{m}^2$。

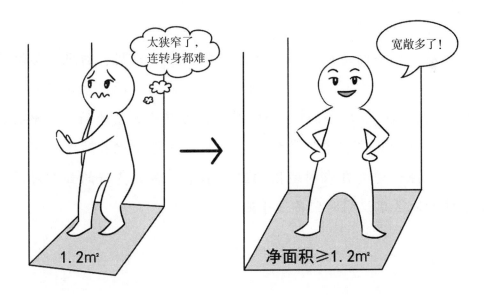

5.3.4　厕屋应有门、照明、通风及防蚊蝇等设施，地面应进行硬化和防滑处理，墙面及地面应平整；有条件的地区，宜设置洗手池等附属设施。

　　厕屋应具备的基础设施主要包括门、窗及照明、通风、防蚊蝇设施等，以满足农户日常如厕需求，且与《农村户厕卫生规范》（GB 19379）相一致。由于农村老龄化严重，为避免厕屋地面不平整而积水导致的滑倒等伤害事故的发生，地面应进行硬化和防滑处理，并且没有缝隙；为提升农村地区的卫生水平，养成良好的如厕习惯，有条件的地区建议同时配备洗手池。

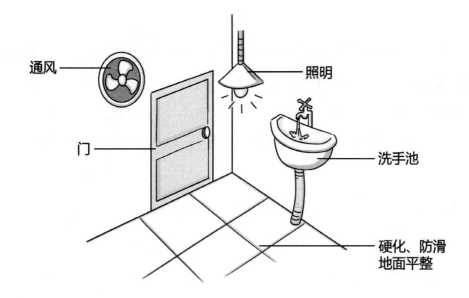

通风

照明

门

洗手池

硬化、防滑
地面平整

5.3.5　独立式厕屋地面应高出室外地面 100 mm 以上，寒冷和严寒地区厕屋应采取保温措施。

为了保证雨天人们可以正常如厕，防止雨水流入厕屋，因此规定独立式厕屋地面应高出室外地面，要求与《农村户厕卫生规范》（GB 19379）相一致。寒冷地区因为冬季温度较低，为避免水箱、管道存水上冻开裂，同时为避免厕屋地面有水结冰，应采取保温措施。

5.3.6　附建式厕屋应具备通向室外的通风设施。

厕屋如果没有向外的通风设施，不仅不利于如厕时气味的散出，还增加了夏季如厕时中暑的风险。而臭气带来的不愉快感则会导致如厕的体验感变差，因此标准中规定附建式厕屋应有通向室外的通风设施，以排除臭气。

5.4　卫生洁具

5.4.1　坐便器或蹲便器应合理选用，冲水量和水压应满足冲便要求，宜采用微水冲等节水型便器。

便器是户厕卫生最直观的展现，应根据农户意愿和使用习惯，选择坐便器或蹲便器。《节水型卫生洁具》（GB/T 31436）对坐便器和蹲便器的名义用水量进行了规定，但该标准并不完全适合在农村地区使用，由于化粪池容量有限（一般为 1.5 m³），以高效节水型便器每次冲水 4 L 计算，粪便还未达到无害化要求（停留至少 20 d 以上）化粪池就满了，因此建议采用微水冲的节水型便器。

5.4.2 陶瓷类卫生器具的材质要求应符合 GB/T 6952 的规定，非陶瓷类卫生器具的材质要求应符合 JC/T 2116 的规定。

《卫生陶瓷》（GB/T 6952）对陶瓷类的材质进行了规定，《非陶瓷类卫生洁具》（JC/T 2116）对非陶瓷类卫生洁具的材质进行了规定，本标准参照这两个标准执行。三格式户厕的卫生器具在材质方面的要求，应与上述两个标准相协调。

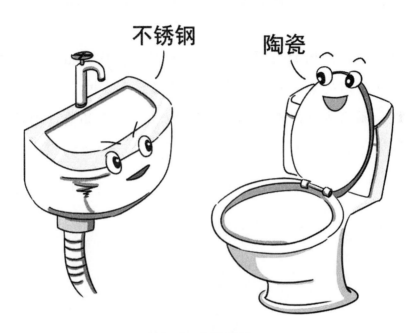

不锈钢

陶瓷

卫生器具

5.4.3 便器排便孔或化粪池进粪管末端应采取防臭措施。

农村三格式户厕的便器排便孔如果不采取防臭措施，化粪池中产生的氨气和沼气会通过进粪管和排便孔进入屋中，造成厕屋臭气熏天，使如厕卫生健康难以保证，影响农户生活品质。因此，排便孔应采取防臭措施，例如使用硅胶防臭器、防臭隔板、盖板等。

5.4.4 寒冷和严寒地区独立式厕屋的卫生洁具和排水管应采取防冻措施，应选用直排式便器，便器不应附带存水弯。

　　在寒冷地区，室外厕所暖气通不到，冬季晚上温度较低，如果里面有存水，则管道和器具会冻住冻裂，导致厕所无法使用，因此应采取防冻措施。市面上的便器一般分为直排式和虹吸式，其中虹吸式便器有 U 形存水弯，易被冻住，不适合在寒冷地区使用；直排式便器结构简单，排水效果好，不易被冻住，可在寒冷地区使用。

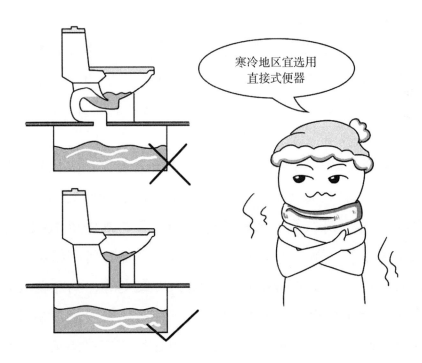

5.5 三格化粪池

5.5.1 基本结构

5.5.1.1 三格化粪池的第一池、第二池、第三池容积比宜为 2∶1∶3。化粪池中粪污的有效停留时间，第一池应不少于 20 d，第二池应不少于 10 d，第三池应不少于第一池、第二池有效停留时间之和。

为使粪便发酵达到无害化要求，根据《农村户厕卫生规范》（GB 19379）中对三格化粪池的要求，粪便发酵腐熟时间及病原体死亡时间按 30 d 计算，则在第一池需停留 20 d、第二池停留 10 d，第三池容积至少是第一、第二池之和。容积比和停留时间是根据化粪池处理粪便的功能（主要包括蛔虫卵沉淀、厌氧发酵、病原菌灭杀及粪液贮存等）计算得出，三池的功能也可在一池或多池内实现。根据此比例确定的三格化粪池其粪便经过 60 d 处理可以满足《粪便无害化卫生要求》（GB 7959）的规定。

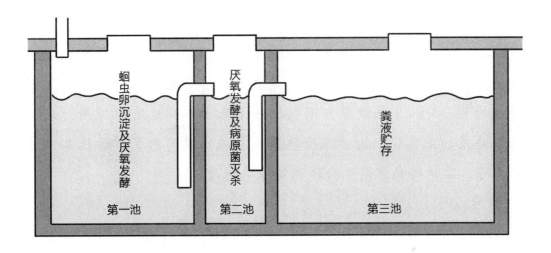

三格化粪池

5.5.1.2　三格化粪池的第一池、第二池、第三池的深度应相同，寒冷和严寒地区应考虑当地冻土层厚度确定化粪池的埋深。

现建式三格化粪池如果 3 个池子深度不同，一是 3 个池子之间受力不均衡，容易破裂渗漏；二是会导致 3 个池子之间的容积没有严格按照 2∶1∶3 来设置，不能使每个池子起到应有的作用，无法保证粪便的无害化。由于寒冷地区存在冻土层，为了便于施工、防止上冻，需根据具体情况合理确定基坑深度。

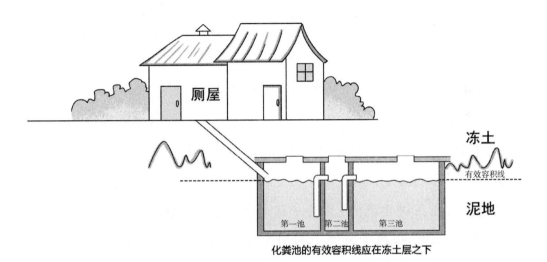

厕屋

冻土

有效容积线

泥地

第一池 第二池 第三池

化粪池的有效容积线应在冻土层之下

5.5.1.3 进粪管应内壁光滑，内径不应小于 100 mm，应避免拐弯，减少管道长度。进粪管铺设坡度不宜小于 20%，水平距离不宜超过 3 m，应和便器排便孔密封紧固连接；水平距离大于 3m 时，应适当增加铺设坡度。

进粪管选用与过粪管相同内径的标准管材，便于统一采购、施工和安装。本标准起草组参照《农村户厕卫生规范》（GB 19379）中的"便器与贮粪池连接的进粪管坡度 ≥ 1/5"，规定了进粪管坡度。同时，综合考虑农户房前屋后的化粪池安装位置和空间，为确保粪便能顺利通过过粪管滑落进化粪池，避免中途淤积堵塞，过粪管不宜过长或过短。为了防止粪便黏滞在管道壁上而引起管道堵塞，项目组采用"粪道模拟实验"的方法来确定进粪管的内径等参数。根据布里斯托大便分类法（Bristol stool form scale, BSFS），选用 7 种不同配比的淀粉溶液模拟真实的人粪便，同时基于 fluent 流场数值模拟分析，设置不同的进粪管与化粪池连接的位置，分析判断不同位置下化粪池第一池内的流场分布，确定最优参数，确保在正常阻尼系数和安装坡度下粪便能顺利滑落进化粪池，同时也不会对第一池内的固液混合物造成过分扰动。

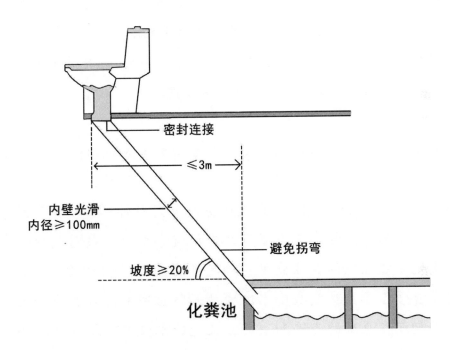

密封连接

≤3m

内壁光滑
内径≥100mm

避免拐弯

坡度≥20%

化粪池

5.5.1.4 过粪管应内壁光滑，内径不应小于 100 mm，设置成倒 L 形或 I 形。第一池至第二池的过粪管入口距池底高度应为有效容积高度的 1/3，过粪管上沿距池顶不宜小于 100 mm，第二池至第三池的过粪管入口距池底高度应为有效容积高度的 1/2，过粪管上沿距池顶不宜小于 100 mm。两个过粪管应交错设置。

　　为了延长水力停留时间，更有利于厌氧反应的进行，过粪管的设计以停留时间分布（RTD）和反应器理论为基础，结合简单的流态模型，通过 RTD 示踪实验的定性分析和定量计算，研究了两根过粪管不同距离、管径参数设置下的粪污流态变化，最后充分征求多家有实地安装经验的企业意见，确定了其最优设置参数。目前标准所用过粪管各参数既能减小水冲力从而防止冲散浮在粪液面上的粪皮或泛起沉在池底的粪渣和虫卵，又能使水流在各格池区域的流场得到加强并均匀分布，从而促进粪污的降解。

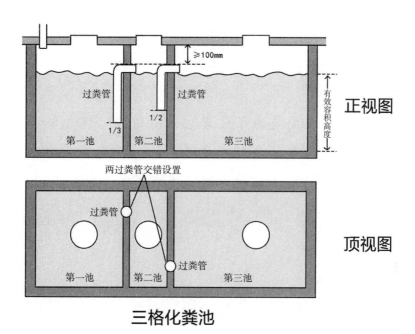

≥100mm

有效容积高度

正视图

过粪管　　过粪管

1/2

1/3

第一池　　第二池　　　第三池

两过粪管交错设置

过粪管

顶视图

过粪管

第一池　　第二池　　　第三池

三格化粪池

5.5.1.5 排气管应安装在第一池，内径不宜小于 100 mm。靠墙固定安装，外观应和住房建筑协调，应高于户厕屋檐或围墙墙头 500 mm，当设置在其他隐蔽部位时，应高出地面不小于 2 m。排气管顶部应加装伞状防雨帽或 T 形三通。

　　排气管的设置主要是为了化粪池内滞留的可燃气体及污浊气体能及时排放，避免沼气过多引发危险事件。排气管尺寸和安装高度数据主要依据国家标准《农村户厕卫生规范》（GB 19379）中关于排气管的要求。

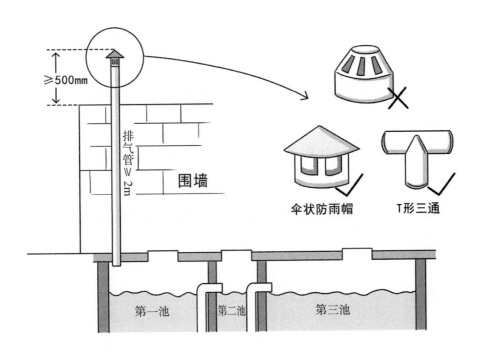

伞状防雨帽　　　T形三通

5.5.1.6 三格化粪池顶部应设置清渣口和清粪口，直径不应小于 200 mm，第三池清粪口可根据清淘方式适当扩大。清渣口和清粪口应高出地面不小于 100 mm，化粪池顶部有覆土时应加装井筒。

　　为方便观察和及时清淘，防止粪污倒灌，化粪池顶部应设置清粪口和清渣口，而考虑到抽粪车抽粪管的一般尺寸，本标准规定了清粪口和清粪渣的最小尺寸。为防止雨水倒灌入化粪池，规定清渣口和清粪口应高出地面。在冻土层、水位较浅地区，如山东、河南、河北等地，化粪池几乎接近地面，可采用大口径的清粪口和清渣口，方便清淘。

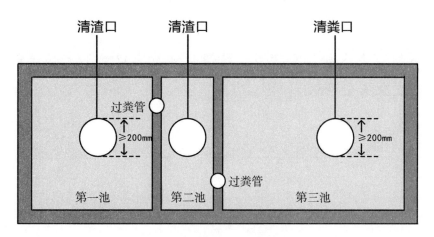

顶视图

三格化粪池

5.5.1.7 三格化粪池清渣口和清粪口应加盖，清渣口或清粪口大于 250 mm 时，口盖应有锁闭或防坠装置。

农村地区留守老人和儿童较多，清渣口和清粪口如不采取安全防护措施，易发生安全事故。

化粪池清粪口/清渣口

5.5.1.8　三格化粪池第三池可加装智能化探测和清淘预警装置。

　　本标准起草组调研时发现，有的地方村民只有当粪便反流至卫生间时才会发现化粪池需要清淘。这种现象在农村较常见，村民们平常不淘粪，不会特意去查看化粪池，等到倒灌了才知道化粪池满了。在有条件的地方，如果能在第三池加装一个清淘的预警装置，就能够很直观地告诉村民化粪池将满，需要及时清淘了，这样也避免了粪便反流的尴尬事件。而且目前来说，该装置的技术已经非常成熟，成本也可以控制在可承受的范围内。

5.5.2　选型

5.5.2.1　设备选型

设备选型遵循以下原则：

a）应根据实际情况，合理选用不同容积、不同材质的三格化粪池；

b）寒冷和严寒地区宜选用免装配整体式三格化粪池或现浇混凝土现建式三格化粪池，宜适当增加三格化粪池有效容积，水冲装置应采取防冻措施；选用的免装配整体式三格化粪池可采用增加塑料壁厚或双层保温抗压结构；

c）已建或拟建厕所管护、清淘综合调度机制和信息平台的地区，可选用具备自动预警清淘功能的化粪池。

我国地域辽阔，农村地区的生活习惯、自然气候条件、水资源供给能力差异较大，三格化粪池选型必须因地制宜，按照农村水土气候条件选用不同材质的化粪池，按照常住人口数量及生活习惯选用不同容量的化粪池，同时结合环境温度、覆土厚度、抗浮等综合因素选型。寒冷地区冻土层较厚，对化粪池的抗压能力要求较高，而现场组装式化粪池整体力学性能不及整体式化粪池，结构稳固性较差，不能完全保证抗覆土压力。整体式化粪池由于是一次成型，保温性能较好，宜在寒冷地区采用，并配置防冻水冲装置。

5.5.2.2　容积选型

应结合使用人数、冲水量、粪污停留时间及清淘周期综合确定三格化粪池有效容积,有效容积选型见表1,有效容积测试方法见附录B。

表1　三格化粪池有效容积表

厕所使用人数/人	≤ 3	4~6	7~9
有效容积设置/m³	≥ 1.5	≥ 2.0	≥ 2.5

化粪池有效容积计算方法如下:按照农村居民每天平均上厕所6次、每次平均冲水量1 L、每人每天粪尿产生量2 L计算,每人每天产生粪污量为8 L。按照第一池需满足贮存20 d的要求,家庭人数低于3人时,有效容积为1.44 m³,故本标准确定有效容积为1.5 m³;家庭人数为4~6人时,不一定所有人都在家中使用厕所,常住人口数按5人计,计算时需乘以使用系数0.8,则有效容积应不小于1.92 m³,故本标准确定有效容积为2 m³;家庭人数为7~9人时,常住人口数按8人计,计算时需乘以使用系数0.65,则有效容积应不小于2.496 m³,故本标准确定有效容积为2.5 m³。

厕所使用人数 / 人	每天粪尿量 /L	有效容积设置 /m³
× (1~3)		≥ 1.5
× (4~6)		≥ 2.0
× (7~9)		≥ 2.5
……	……	……

三格化粪池有效容积示意

5.5.3 质量要求

5.5.3.1 外观

三格化粪池外观要求如下：

a）整体式三格化粪池应在醒目处标注生产商名称、商标图识、有效容积、进粪口、排气口、清渣口、清粪口等标识；

b）整体式三格化粪池产品外壁应色泽均匀、光滑平整、无裂纹、无孔洞，内壁应光滑平整、无裂纹、无明显瑕疵，边缘应整齐，扣槽应严密，壁厚均匀，无分层现象；

c）整体式三格化粪池应附带齐全的配件及附件；

d）现建式化粪池应表面平整光滑，无裂缝，无蜂窝麻面。

本条规定了三格化粪池的外观要求。目前，部分地方采用了专业施工队进行统一安装，一些地方鼓励农民投工投劳进行改厕。为便于基层改厕人员现场识别和判断，本标准参照《农村户厕卫生规范》（GB 19379）、《塑料化粪池》（CJ/T 489）、《玻璃钢化粪池技术要求》（CJ/T 409）、《砖砌化粪池》（02S701）、《钢筋混凝土化粪池》（03S702）等对三格化粪池成型产品的外观，如名称、商标、产品内外壁要求、配件、附件等作出了具体规定。

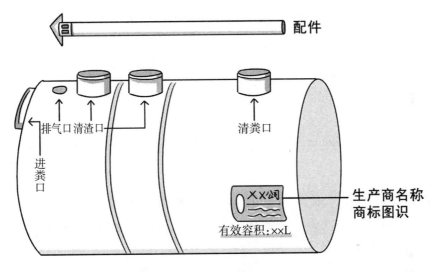

配件

排气口 清渣口

清粪口

进粪口

××祠

有效容积:××L

生产商名称
商标图识

整体式三格化粪池

5.5.3.2　材料

三格化粪池选用材料要求如下：

a）塑料整体式三格化粪池等产品的壁厚和材料要求应符合 CJ/T 489 的规定；

b）玻璃钢整体式三格化粪池等产品的壁厚和材料要求应符合 CJ/T 409 的规定；

c）三格化粪池、管材、连接件应采用高强度、抗老化、防腐性能好的材料；

d）三格化粪池不应采用易腐蚀的金属材料做加强筋；

e）三格化粪池清渣口和清粪口处的口盖应采用抗老化、耐腐蚀、抗压性能好的材料；

f）三格化粪池损坏或废弃后，应妥善处置，废弃物不应有环境和人体健康危害风险；

g）三格化粪池选用材料应保证三格化粪池设计寿命大于 20 年。

化粪池的作用是通过厌氧发酵无害化处理粪污，而发酵过程中的粪液一般具有腐蚀性，因此化粪池和配套材料（如排气管）应具有抗腐蚀性。当前化粪池的主要材质有 4 种：砖石、塑料、玻璃钢、钢筋混凝土。其中，砖石化粪池价格低廉，但强度较差，耐腐性和防渗性较弱；塑料化粪池较为轻便，耐腐蚀，但易老化，使用寿命不长；玻璃钢化粪池质量轻，强度高，耐腐蚀，但一旦损坏不容易修复，废弃后因其原材料中掺杂石棉而易对环境造成二次污染；钢筋混凝土化粪池防腐性能较好，承压能力较强，但成本较高。在具体材料选用上，应因地制宜，参照《农村户厕卫生规范》（GB 19379）、《塑料化粪池》（CJ/T 489）、《玻璃钢化粪池技术要求》（CJ/T 409）、《砖砌化粪池》（02S701）、《钢筋混凝土化粪池》（03S702）。《塑料化粪池》（CJ/T 489）和《玻璃钢化粪池技术要求》（CJ/T 409）对三格化粪池的产品质量也进行了规定，本标准参照执行。此外，为规范生产厂家使用合格的原材料，防止以次充好，确保化粪池长期使用，本标准提出正常使用的塑料、玻璃钢等材料制成的化粪池设计寿命应大于 20 年。

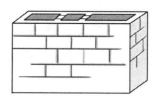

砖石化粪池：
价格低廉、强度较差

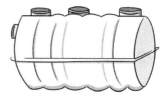

塑料化粪池：
较为轻便、耐腐蚀、易老化

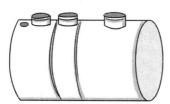

玻璃钢化粪池：
质量轻、强度高、损坏不易修复

钢筋混凝土化粪池：
防腐性能较好、承压能力较强、成本较高

5.5.3.3 物理性能

现建式三格化粪池物理性能应满足相关承重要求。整体式三格化粪池物理性能要求与检测方法应按表 2 执行。

表 2 整体式三格化粪池物理性能要求与检测方法

序号	检测项目	指标要求	适用情况	检测方法
1	荷载试验	室温,试验压力 ≥ 40 kN,试验后无破裂、裂缝,组装连接处不错位、不撕裂	覆土深度 ≤ 1.0 m	CJ/T 489
		室温,试验压力 ≥ 80 kN,试验后无破裂、裂缝,组装连接处不错位、不撕裂	1.0 m <覆土深度 ≤ 2.0 m	
2	负压试验	室温,−0.03 MPa 气压(15 min),无破损、裂缝	覆土深度 ≤ 1.0 m	CJ/T 489
		室温,−0.05 MPa 气压(15 min),无破损、裂缝	1.0 m <覆土深度 ≤ 2.0 m	
3	抗冲击试验	20℃ ±2℃,质量 1kg,d90 型落锤,2.5 m 高,冲击 6 个位点,分别位于池体顶部、侧面、底部等重要承力点位置,试验后无破裂、损坏,组装连接处不错位、不撕裂	—	GB/T 14152

塑料化粪池应保证抗压性、抗冲击性等达到要求，需进行力学性能试验，包括负压试验、抗冲击试验、荷载试验以及《塑料化粪池》（CJ/T 489）中规定的其他性能指标试验。具体指标检测方法参照《塑料化粪池》（CJ/T 489）、《热塑性塑料管材耐外冲击性能试验方法 时针旋转法》（GB/T 14152）。

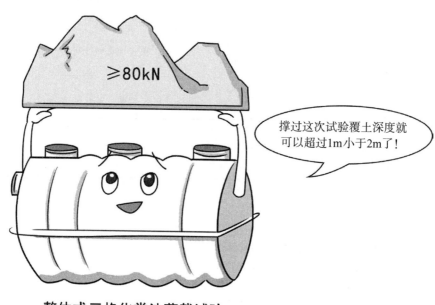

整体式三格化粪池荷载试验

5.5.3.4　密封性

三格化粪池密封性要求如下：

a）三格化粪池整体不应渗漏；

b）各格池之间不应相互渗漏；

c）利用结构组件在现场完成组装的整体式三格化粪池，各部件连接处不应出现渗漏，不应出现影响使用的变形；

d）砖砌现建式三格化粪池和钢筋混凝土现建式三格化粪池内部池壁应有防渗措施，盖板严密；

e）整体式三格化粪池开展密封性能检测的样品应为已全部通过5.5.3.3规定的物理性能检测后的同一样品；

f）三格化粪池密封性能要求与检测方法应按表3执行。

表3　三格化粪池密封性能要求与检测方法

序号	检测项目	技术要求	检测方法
1	格池密封性能	注水至第二池过粪管溢流口下沿，第一池、第三池无串水，格池之间无渗漏	见附录B

（续）

序号	检测项目	技术要求	检测方法
2	整体密封性能	封闭池体所有进出口，清渣口和清粪口连接井筒200 mm后注满水，查看池体、连接部位、外形，无明显变形、无渗漏	见附录B

　　三格化粪池建造安装不合理会导致渗漏现象，严重影响改厕效果。本标准结合《塑料化粪池》（CJ/T 489）和《玻璃钢化粪池技术要求》（CJ/T 409）的相关规定，对三格化粪池的密封性能提出了要求，规定了整体式和现场组装式三格化粪池的密封性能应符合标准文件中表3的要求。

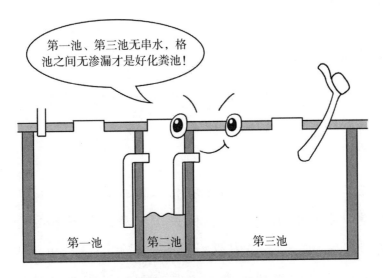

三格化粪池格池密封性能检测

6　安装与施工要求

6.1　一般要求

6.1.1　施工前，施工单位应制定施工方案，明确质量要求，建立全过程施工档案，施工作业前应对施工人员进行培训。

由于施工方案直接用于指导农村三格式户厕工程施工，为满足工程的质量、安全和工期要求，保证工程施工质量和安全生产，以及施工的顺利进行，方案应有针对性和可行性，能突出重点和难点，方案制定完成后要组织施工专业人员培训。根据施工目的及施工现场调研收集的信息、施工图纸、安全操作规程等资料，建立全过程施工档案，确保施工过程安全可靠、切实可行、经济合理。

6.1.2 施工现场的建筑材料与设备应分类、整齐堆放，并做好防潮、防雨和防风措施。

为保证施工材料质量具有可追溯性，在出现问题时能第一时间找到原因，并且不产生杂乱无章的感观，应在摆放地分类标明材料名称、批量、规格型号、产地和质量等，并且材料堆放应于总平面图上明确标注。同时为防止钢制材料的腐蚀，规定钢筋、钢管和钢模板做好防潮、防雨措施。

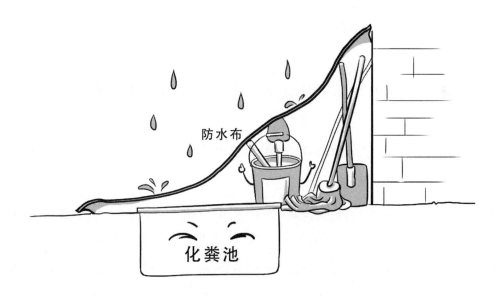

防水布

化粪池

6.1.3 施工不应影响原有房屋的结构安全。施工时应在周边设立安全警示标志，施工完成后应对现场进行卫生清理和美化，减少对村民日常生产生活的影响。

农村三格式户厕工程建设是民生工程，保证工程质量和施工安全是首位要求。施工方案直接指导专业工程施工，在制定方案时必须充分考虑工程质量和施工安全。在施工过程中应文明施工，且必须符合技术规范、操作规范和安全规程的要求。农村三格式户厕改造和新建，本质是为了服务农民，如果在施工过程中不考虑农民的感受，只图施工的方便和快速，那么必然会影响整个工程的民心。为了尽量减少对村民的打扰，合理安排施工时间显得尤为重要。充分做好时间规划，做到不夜间作业，如果需要使用大型设备如挖掘机等，应避开村民休息时间，同时施工不能堵塞村内主要道路，不能占据文化娱乐广场等，保证村民的正常生活。

6.1.4　施工全过程应遵照卫生安全规范，注重个人卫生安全防护和周围环境保护。

　　在制定农村户厕建设施工方案时，应充分考虑工程建设全过程卫生安全。农村厕所的改造首先要保障施工作业人员身体健康和生命安全，施工过程中灰尘、粪便残渣以及各类病菌都有可能使施工人员暴露在危险中，所以安全是第一位的；其次，施工不可避免地对周边生态环境、农作物等造成一定的扰动，所以施工过程及施工完毕后要恢复周边环境。

6.1.5　老旧厕所改造前，应先采用生石灰等消毒材料覆盖方式对农户原有清粪后的储粪池及周围环境实施消毒处理。

老旧厕所因使用年限长，管理不善，化粪池及周边土壤可能存在病原菌，而生石灰是一种易获取、价格低且对环境危害较小的广谱杀菌剂，因此可用于老旧厕所改造的前期消毒工作，以避免施工和使用人员的二次暴露。

6.1.6 除符合本标准要求外，还应符合相关施工规范的要求。

项目严格按照施工过程节点验收以及竣工验收要求执行，如遇其他相关规范，应遵守更严标准，以确保项目工程合规合法，工程质量达标。

6.2　材料与设备进场检验

6.2.1　工程所用的管材、卫生洁具、整体式三格化粪池和主要原材料等进入施工现场时，应进行进场验收并妥善保管。

　　上文所说，卫生厕所的新建与改建都是为了使广大农民群众过上更为舒适的生活，如果出现以次充好、假冒伪劣等情况，不仅浪费了大量财政投入，也会使农民生出抵触之心，使之后的改厕工作举步维艰，所以验收工作至关重要。本标准对所有进场的原材料、卫生器具、化粪池产品等验收工作做出强制规定，也是基于上述考虑。

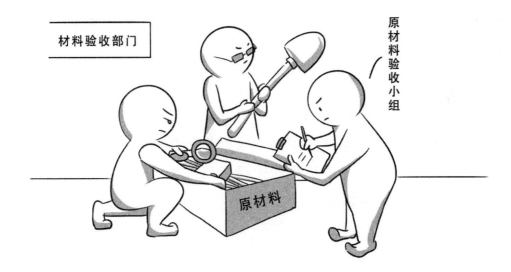

6.2.2　各种材料与设备均应有生产厂家出具的合格证书（砂、石等地方材料除外），整体式三格化粪池与卫生洁具应附带厂家提供的使用说明书，整体式三格化粪池应有第三方检测机构出具的检测报告。

　　合格证书是基层人员判断产品是否合格所能看到的最基本的书面材料，而第三方检测机构出具的检测报告则能从另一方面证明该化粪池的质量状况，厂家提供的使用说明书能很好指导现场人员安装，所以这三样缺一不可。

6.2.3　进场的整体式三格化粪池应根据需要抽样，按附录 B 进行满水试验与有效容积测试试验。

　　进场的整体式化粪池或现场组装式化粪池由于技术要求较高，因此在安装完成后一定要进行再次检验，以保证安装正确、不渗漏、不侧漏。

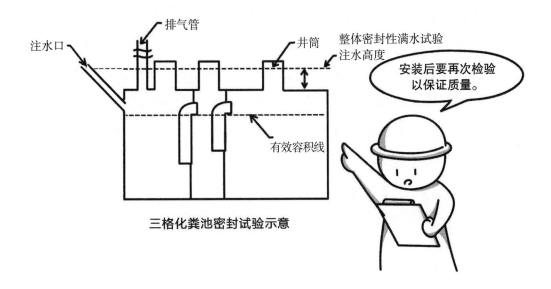

三格化粪池密封试验示意

6.3　厕屋施工

6.3.1　厕屋施工应按照国家房屋建筑工程施工相关标准要求执行。

我国现行标准中《农村户厕卫生规范》（GB 19379）、《给水排水构筑物工程施工及验收规范》（GB 50141）、《砌体结构工程施工质量验收规范》（GB 50203）、《给水排水管道工程施工及验收规范》（GB 50268）等规定了建筑施工等要求，适用于农村三格式户厕的建造与施工，执行上述标准即可。

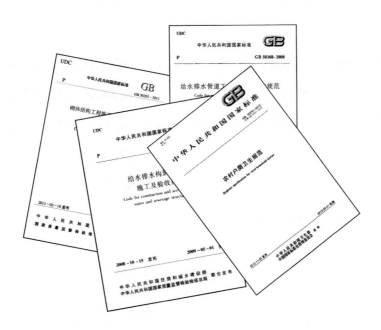

6.3.2 基于原有房屋开展农村三格式户厕改造应保留房屋主体结构，不应破坏房屋原有基础。

户厕应与农村住房同步规划、建设，对于改建或是尚未配套建设户厕的农户，在进行户厕改造建设时，为保证施工安全和使用安全，应保留原有房屋主体结构，避免增加农户不必要的改厕成本。

6.3.3　厕屋基础埋深不应小于冻土层厚度。

存在冻土层的地区，如果砖石结构的厕屋地基埋在冻土层以上或冻土层中间，不仅在冬季施工时不易开挖基坑，在夏季也容易产生迁移倾塌等事故。为保证房屋安全和质量，厕屋的基础埋深应不小于冻土层厚度。

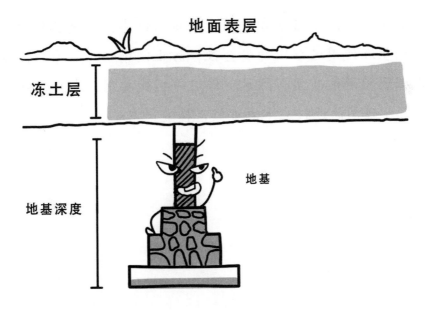

地面表层

冻土层

地基深度

地基

6.3.4 装配式厕屋预制件间的连接应牢固可靠，接缝严密。

　　装配式厕屋因其搭建方便而受到市场追捧，但是其接口过多。为保证厕屋在使用过程中的安全性，防止倒塌伤人等事故发生，同时为保证厕屋满足实用、防水、保温等功能要求，本标准规定装配式厕屋预制件间的连接应牢固可靠，接缝严密。

牢固

6.3.5　厕屋应根据设计要求预留给排水设施孔洞，并与卫生洁具安装相协调。

在户厕改造过程中，应充分考虑农户的需求。对于考虑后期在厕屋建洗手和洗浴设施的农户，其厕屋在设计建造时应考虑洗手和洗浴设施的给排水问题。为避免重复施工，增加成本，本标准规定应根据设计要求预留给排水设施孔洞，并且与卫生洁具安装相协调。

6.4　卫生洁具安装

6.4.1　应根据厕屋与化粪池的布置及使用需求，合理确定便器与冲水器具的布置，便器下口中心距后墙不小于 300 mm，距边墙不小于 400 mm。

　　为了便于配合化粪池安装，减少管道长度，少装弯头，避免因地质移动时发生错位，应合理确定便器与冲水器具的位置，同时为了方便如厕，根据人体工学原理对便器与边墙的距离进行了规定。

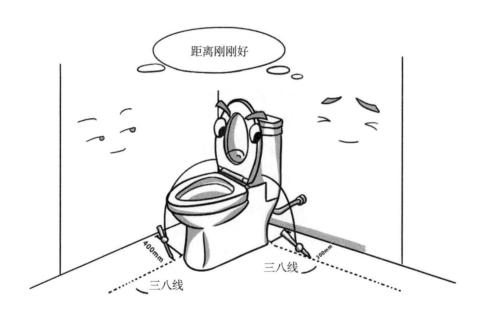

6.4.2 便器安装时，应将卫生洁具及管道内的杂物及时清除；便器与冲水器具、进粪管应连接紧密，便器装稳后应加以保护。

卫生器具和管道经过长时间的运送及室外堆放，不可避免会有杂物（如树枝、小石头、土块等）落在里面，为了避免未使用已堵塞的尴尬事件发生，在安装前要及时清理；农村地区房屋建造五花八门，很多处在自建房的范畴，没有经过严格的设计与建造，如果不在便器等部件安装完成后进行加固，稍有震动就会导致便器、管道移位，因此应在便器装稳后进行加固。

6.4.3　管道施工应符合 GB 50268 的规定。

　　《给水排水管道工程施工及验收规范》（GB 50268）对管道施工做出了具体要求，应符合该标准要求。

6.5　整体式三格化粪池安装与施工

　　整体式三格化粪池分为装配式和免装配式。装配式三格化粪池一般池体分为上下两半，易于运输，但需要在现场组装；免装配式三格化粪池池体为一整体，虽然运输不易，但是防水防漏性能良好，应根据不同需要采用。两者性能要求是一致的，但因装配式三格化粪池安装时注意事项更多，因此标准中重点规范该型号。

6.5.1　现场组装

6.5.1.1　内部隔板、过粪管安装位置应准确，连接处应密封、牢固、不渗漏，过粪管尺寸应符合 5.5.1.4 的要求。

装配式三格化粪池因不是整体浇灌而成的，天然地比免装配式三格化粪池易漏水，因此连接处的防水工作至关重要。同时由于内部隔板与过粪管作为化粪池的主要功能部件，起到至关重要的作用，因此，在现场组装时应保证连接处密封、牢固、不渗漏，确保化粪池正常使用。

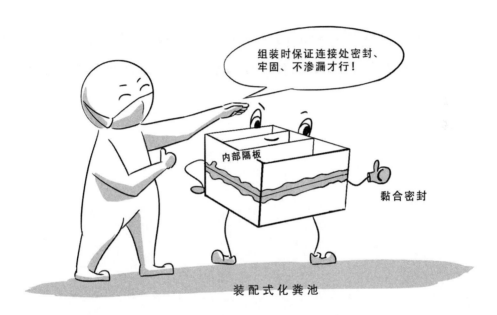

装配式化粪池

6.5.1.2　上下池体连接应密封、牢固，合缝应严密、不渗漏。

不是通过机械缠绕而成的化粪池，其一般先制成上下池体，以便于运输。此类化粪池组装时应连接密封、牢固，合缝严密，保证不渗漏。

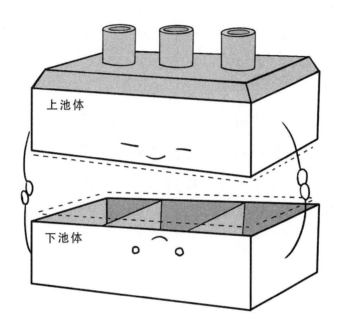

上池体

下池体

6.5.1.3　组装完成后，应进行池体、格池间密封性能抽样检查，检测方法见附录 B 的格池密封性满水试验和整体密封性满水试验。免装配整体式三格化粪池产品也应进行池体、格池间密封性能抽样检查。

格池密封性和整体密封性良好是三格化粪池安全、稳定运行的保障。格池之间互相渗漏，将导致粪液达不到无害化要求，而整体密封性能不好，将导致粪液外渗污染环境，因此本标准规定了对组装好的化粪池或进场免安装的化粪池进行抽样检查。

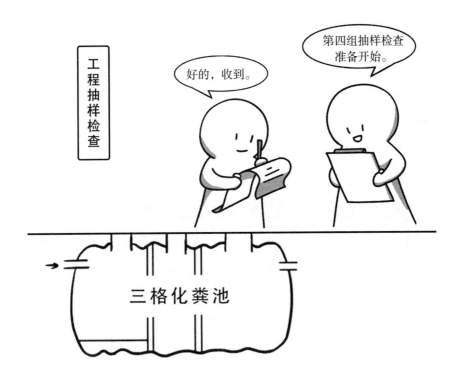

6.5.2　基坑开挖与垫层施工

6.5.2.1　应根据三格化粪池外形尺寸、进粪管铺设坡度、覆土深度及施工作业要求，确定基坑开挖深度、长度和宽度；寒冷和严寒地区，基坑开挖深度应确保三格化粪池的有效容积线在冰冻线以下；南方地区的三格化粪池可浅埋，但应确保三格化粪池回填压实的稳定性。

　　基坑尺寸太小会磕碰化粪池，损坏化粪池原有结构，而基坑尺寸太大又会增大工作面和工作量，因此确定基坑开挖的尺寸十分重要。寒冷地区，基坑开挖深度应确保化粪池覆土厚度大于当地冻土层深度，以保障化粪池冬季正常使用；南方地区为节约成本，化粪池可适当浅埋，但应确保化粪池回填压实的稳定性。

南方

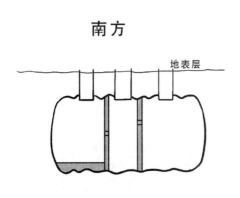

地表层

北方

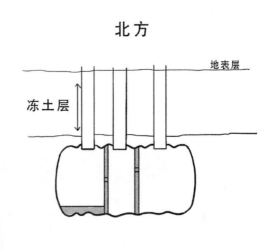

地表层

冻土层

6.5.2.2　三格化粪池顶部有绿化要求时，覆土厚度应不小于 300 mm。

化粪池顶部覆土种植植物时，基坑开挖深度应保证植物根系生长所需的土壤厚度，因此规定覆土厚度不应小于 300 mm。

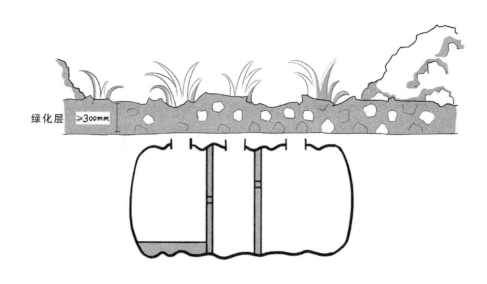

6.5.2.3 根据土质、基坑深度、地下水位等情况采取不同基坑开挖方式及防护措施，确保施工安全。

基坑开挖应根据所选化粪池尺寸和当地地质条件及冬季冻土层深度等条件确定开挖的方式和深度，并要做好防护措施，防止边坡塌方和人员掉入。

6.5.2.4　基坑开挖时，应采取防护措施，防止边坡塌方。对软土、沙土等特殊地基条件，应采取换土等地基处理措施，达到不沉降的要求。基坑底面应夯实、找平。

如果土质条件较差，如软土和沙土，则在开挖基坑时要做好硬化平整工作，此举是为保证化粪池摆放稳定，不会因暴雨、震动而出现位移、错裂。

6.5.2.5　整体式三格化粪池施工应按以下要求执行：

　　a）当地基为坚土时，应铺设砂石垫层，厚度不宜低于120 mm；

　　b）当地基为软土时，应铺设混凝土垫层，厚度不宜低于100 mm。

　　为防止整体式化粪池在投入使用后发生沉降而使连接的管道断裂，导致粪污直排，在地基开挖时要根据不同下垫面选择相应的垫层。考虑到混凝土价格较高，下垫面为坚土时，铺设砂石层即可满足不沉降的要求；而下垫面为软土时，则只能依托于混凝土的强度和稳定性来加固垫层。关于垫层的厚度在《建筑地基基础设计规范》（GB 50007）中第8.2节中有详细的规定，故按照此规定实行。

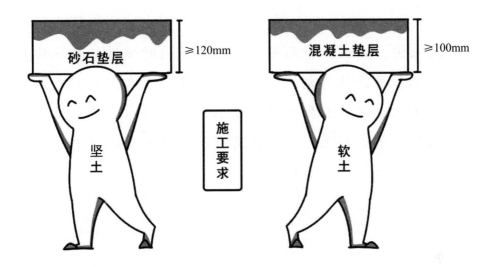

6.5.2.6　地下水位较高或雨季施工时，应做好排水措施，防止基坑内积水和边坡坍塌。

一般来讲，要选择非雨天、土质干硬的时候进行基坑的开挖与施工。但如果条件不允许，如南方地区地下水位较高或是需要下雨天赶工时，则易发生渗水、积水，土壤泡水后稳定结构被破坏及团聚性变差的状况，而这就有可能会导致基坑施工过程中发生坍塌，所以一定要做好排水工作。

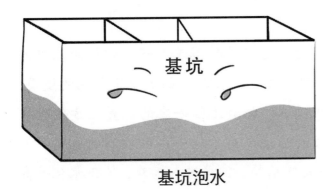

基坑泡水

6.5.3　三格化粪池安装

6.5.3.1　三格化粪池应平稳安装在基坑内的垫层上，其位置应便于进粪管安装。地下水位较高时应采取抗浮措施。

　　化粪池一定要平稳地放进经过砂石或混凝土硬化的基坑内，不然可能会导致化粪池与垫层碰撞、刮蹭，轻则减少化粪池的使用寿命，重则使化粪池丧失使用功能。化粪池第一池的位置应方便进粪管的安装，并能减少进粪管的长度。对于地下水位较高的地区，虽然铺设了垫层，并进行了夯实回填等，但当进入雨季，地下水位升高时，化粪池易因同时受到向上的浮力和向下的压力导致挤压变形甚至破损。因此，在这些地区，化粪池施工安装时应采取抗浮措施。

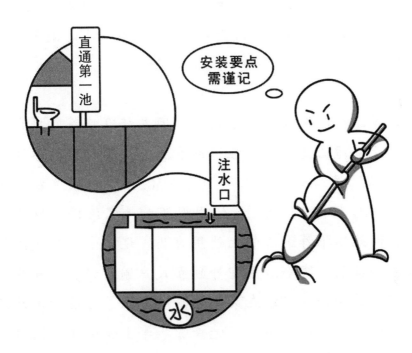

6.5.3.2　进粪管连接应密封不渗漏，不宜采用弯头连接。寒冷和严寒地区的室外户厕，便器可直接安装在三格化粪池第一池清渣口上方，进粪管垂直插入第一池清渣口，做好连接密封，进粪管末端应安装防臭阀。

进粪管连接应保证密闭不漏水。因本标准推荐直排式节水便器，为防止粪污堵塞、黏滞在进粪管上，进粪管坡度参照《给水排水管道工程施工及验收规范》（GB 50268）以及《农村户厕卫生规范》（GB 19379）执行。使用弯头加大了渗漏、堵塞、上冻的风险，因此不推荐进粪管上使用弯头。辽宁省疾病预防控制中心试验数据证明，寒冷地区室外独立式户厕的进粪管在冬季常常冻住，将进粪管垂直安装在第一池清渣口上，可使冲水后的粪便直接落入化粪池，有效回避了进粪管冬季上冻问题，同时将防臭阀从便器排便口挪至进粪管末端，既便于安装，也可起到有效防臭的作用。

6.5.3.3　三格化粪池清渣口、清粪口和排气管安装按 5.5.1 的规定执行。三格化粪池安装的井筒和清渣口、清粪口之间应用胶圈密封牢固，连接位置不应渗漏。寒冷和严寒地区的井筒应采用耐寒、抗冻融的管材。

清渣口、清粪口和排气管应按照 5.5.1 的要求进行安装。其他安装部件和主池之间的连接是容易渗漏的重点部位，而胶圈可以在连接处形成自封作用，防止粪便漏出及雨水、杂物进入化粪池，可以有效地保证化粪池整体的密闭性。

6.5.3.4 三格化粪池安装完成后,应冲水检验冲便效果及便池、管道、三格化粪池的连接密封性能。

一般用水来检验物件是否存在渗漏,厕屋、管道及化粪池正好拥有直接的优势,只要在所有的部件都安装完成后,试冲水几次,就可以第一时间发现渗漏并解决。

6.5.4　基坑回填

6.5.4.1　三格化粪池安装完成后应及时进行基坑回填，宜采用原土在三格化粪池四周对称分层密实回填。回填土应剔除尖角砖、石块及其他硬物，不应带水回填。

　　基坑开挖时堆在一旁的土称为原土。原土不管是在土质、层次、形状上都与化粪池周围的土壤一致，应优先使用原土进行回填。为避免尖锐的石头、硬质杂物剐蹭、破坏化粪池的局部结构，回填时要注意剔除，特别应注意池体下方用素土和细沙填实，以确保池体位置固定、受力均匀。为确保化粪池稳固、不迁移，还应避免带水回填。

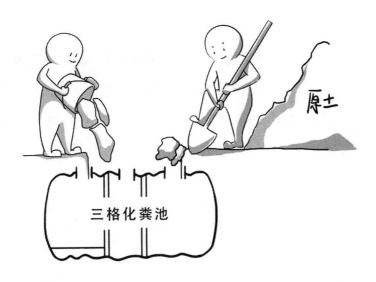

原土

三格化粪池

6.5.4.2 基坑回填时，应防止管道、卫生洁具、三格化粪池发生位移或损伤。

　　由于土壤从上而下填埋，且池体摆放在垫层上，没有支撑，如一次填土量过大，容易造成池体倾斜和移位，进而导致管道连接错位，因此在基坑回填土壤时应注意少量多次，不可用力过猛，避免池体等发生位移或损伤。

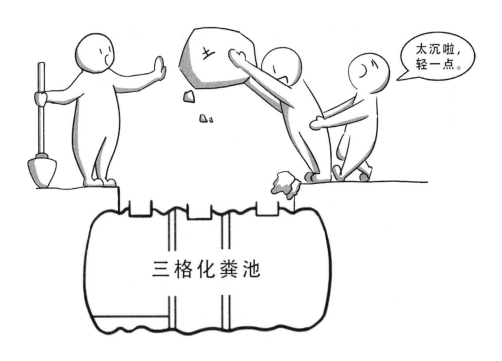

6.5.4.3 基坑回填后，施工作业面应硬化或绿化。

　　基坑回填后，表层覆土不实，大型牲畜或机械设备踩压容易发生破裂，出现事故，因此应对作业面进行硬化或绿化来加以保护。

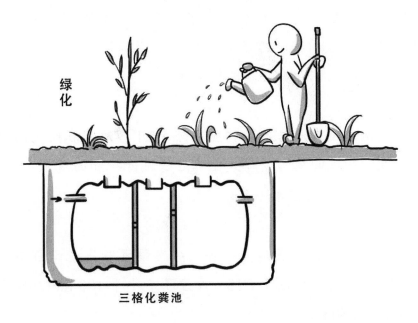

绿化

三格化粪池

6.6 现建式三格化粪池施工

6.6.1 现建式三格化粪池的基本结构应符合设计要求；应根据化粪池设计尺寸、土壤条件并考虑施工作业要求确定基坑尺寸，基坑开挖及土方回填按 6.5.2 和 6.5.4 的规定执行。

现场建造式化粪池基本结构应符合 5.5.1 各池容积比例的要求，其基坑开挖和基坑回填与整体式化粪池基坑开挖和回填无本质区别，因此可参照本标准 6.5.2 和 6.5.4。

6.6.2 基坑开挖后，坑底应整平夯实并铺设混凝土或砂石垫层，垫层混凝土强度等级不应低于 C10，厚度不应小于 100 mm，砂石垫层厚度不应小于 150 mm。

本条参照了《砖砌化粪池》（02S701）、《钢筋混凝土化粪池》（03S702）中垫层的规定。

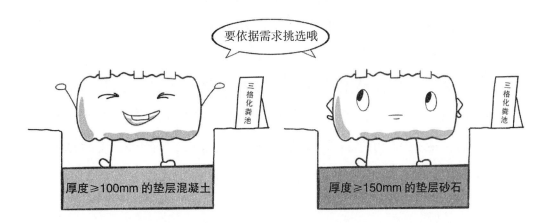

6.6.3　砖砌三格化粪池池壁应采用强度等级不小于 MU10 级的标准砖或等强度的代用砖，应采用不低于 M10 的水泥砂浆砌筑，池壁内外表面应抹防水砂浆，厚度不应小于 20 mm。

由于粪水是碱性的浆状液体，砖砌式化粪池因其自身结构所决定，易腐蚀、易渗漏，所以一定要做好防水防腐工作，同时为保证砖砌式化粪池池壁的受拉承载力满足日常需求，砖和砂浆的选择参照《砖砌化粪池》（02S701）中池壁的规定。

6.6.4　钢筋混凝土三格化粪池池壁应整体浇筑，振捣密实，并进行必要的养护，混凝土强度等级不应小于 C25，钢筋应采用 HPB300、HRB400。

　　钢筋混凝土中氢氧化钙提供的碱性环境，在钢筋表面形成了一层钝化保护膜，使其不易腐蚀，因此是建造化粪池的良好选择材料。建造钢筋混凝土化粪池时根据《预制钢筋混凝土化粪池》（JC/T 2460）的相关标准执行。

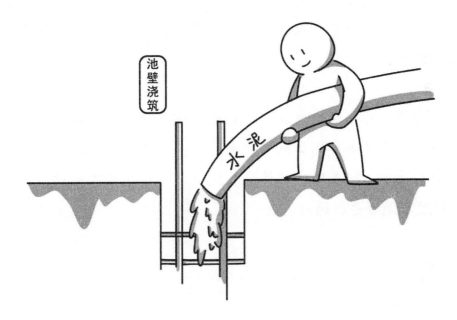

池壁浇筑

水泥

6.6.5 基坑回填前，应进行整池、格池间密封性能抽样检查，检测方法见附录 B 的格池密封性满水试验和整体密封性满水试验；化粪池安装完成后，应冲水检验冲便效果及便池、管道、三格化粪池的连接密封性能。

现场建造的化粪池建成回填前进行密封性能抽样检查，第一时间发现问题并解决。化粪池安装完成后，一般采用冲水检验冲便效果和密封性能，可在所有部件安装完成后，使用几次厕所，第一时间直观发现是否存在问题。

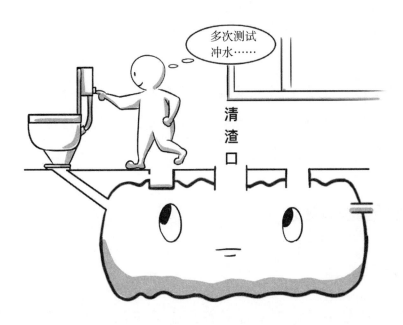

6.6.6 现建式三格化粪池进粪管安装方法按 6.5.3.2 的规定执行，清渣口、清粪口和排气管安装按 5.5.1 的规定执行，回填方法按 6.5.4 的规定执行。

现场建造式化粪池进粪管安装，清渣口、清粪口和排气管安装以及基坑回填与整体式化粪池相应的施工过程无本质区别，因此可参照本标准 6.5.3.2、5.5.1 和 6.5.4 执行。

7 工程质量验收要求

7.1 一般要求

7.1.1 施工过程中，施工单位应根据需要组织关键工艺环节自检、隐蔽工程掩盖前自检以及单个户厕完工自检。

为确保农村三格式户厕建造质量，在工程施工质量验收前，必须先经由施工单位按照国家有关验收标准全面检查工程质量，并及时整理工程技术资料进行自检。对隐蔽工程在掩盖前应根据国家现行有关施工规定进行自检。

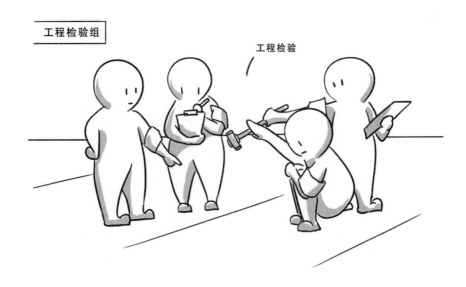

7.1.2　施工完成后，工程施工质量验收应在施工单位自检的基础上，按检验批次、分项工程、分部工程、单位工程的顺序进行。

由于农村户厕改造项目的特殊性，在户厕改造完成后，建设单位在施工单位对每户进行自检验收的基础上，按照部分到整体的步骤进行验收。

7.1.3　对符合验收条件的单位工程，应由建设单位按照国家法律法规规定的验收程序对建设内容和工程质量进行竣工验收。

　　施工作业质量检查是施工质量验收的基础，按照规定的验收程序，需对分批完成的工程分批自检，在施工单位完成全部工程质量自检并确认合格之后，才能报请现场监理机构进行检查验收。

7.2　验收要求

7.2.1　厕屋、卫生洁具、三格化粪池、管材和管件在现场安装前应按照采购要求及相关产品构造和质量标准进行验收。

7.2.2　厕屋结构、尺寸、地面标高、地面处理及配套设施配置等应符合相关设计和施工要求。

7.2.3　卫生洁具材质、功能及安装等应符合相关设计和施工要求。

7.2.4　三格化粪池及配套管件的结构、尺寸、材质、性能及施工安装等应符合相关设计和施工要求。

　　厕屋、化粪池、过粪管、排气管、清渣口的验收要求应参照本标准 5.3、5.5.1、6.6 的有关规定。

验收时刻

重点知识

（一）化粪池有效容积问题

《农村户厕卫生规范》（GB 19379）规定"三格化粪池容积≥ 1.5 m³"。但本标准采用了有效容积的概念。在正常情况下，化粪池 粪液只能达到进粪管、过粪管水平面，距化粪池内腔顶部还存在一 定冗余空间，一般占化粪池内腔容积的 15%~20%。换句话说，在进 粪管、过粪管水平面以下部分，才是化粪池的有效容积。如规定化 粪池"容积应不低于 1.5 m³"，其实际可利用的有效容积一般为 1.2 m³ 左右，导致粪便在化粪池还没有贮存 60 d 就会满溢，达不到无害 化要求。经专家反复论证，结合农户使用意见反馈，并咨询相关企业， 确定采用有效容积的概念。

（二）节水便器的选用问题

《坐便器水效限定值及水效等级》（GB 25502）及《节水型卫生洁具》（GB/T 31436）对便器的用水量仅作了"最大用水量不得超过 6 L"的规定，然而在三格式户厕建造过程中，本标准起草组发现三格化粪池体积基本为 1.5~2 m³，因此农村地区三格化粪池对于便器用水量的要求更为敏感。本标准起草组通过市场调研和农村实地调查，不同类型冲水便器的用水量如下：普通冲水型坐便器的单次用水量为 4.5~6 L，大多数为 5 L；高效节水型坐便器的单次用水量为 3~4.5 L，大多数为 4 L。蹲便器的用水量主要由冲水箱决定，普通冲水箱单次用水量为 5.5~8 L，大多数为 6 L；节水型冲水箱单次用水量为 3.5~6 L，大多数为 5 L。

假设以最低每人每天如厕大便一次、小便三次，小便以大便一半的用水量进行计算，那么可以得到不同人数、不同便器的每天用水量（表4）。

表4　不同便器每天用水量

单位：L

人数	普通冲水型坐便器（5L/次）	高效节水型坐便器（4L/次）	普通冲水箱蹲便器（6L/次）	节水型冲水箱蹲便器（5L/次）
2	25	20	30	25
3	37.5	30	45	37.5
4	50	40	60	50
5	62.5	50	75	62.5

由于需要满足粪便无害化要求，三格化粪池最快存满时间为60 d。以三口之家为例，在60 d的时间里，使用普通冲水型坐便器会产生2.25 m³的粪液，高效节水型坐便器也会产生1.8 m³的粪液；普通冲水箱蹲便器会产生2.7 m³的粪液，节水型冲水箱蹲便器也会产生2.25 m³的粪液。而户用化粪池体积一般为1.5 m³，因此粪便难以达到无害化要求。本标准中所表述的"节水型便器"，并不完全适用现有的国家标准。经广泛征求意见，生产者和使用者都认为本标准在管道参数设置及化粪池位置摆放方面的考虑可以弥补这一不足。

预期效益

本标准将为我国落实乡村振兴战略和"厕所革命"，规范农村三格式户厕改造工作提供科学依据，能大大提高农村厕所环境改造和提升工作的效率，使农村三格式户厕改造工作走向程序化、规范化、标准化，并为开展农村人居环境整治工作提供基础，这对贯彻执行中共中央　国务院发布的《关于实施乡村振兴战略的意见》和习近平总书记关于农村"厕所革命"的重要指示，提高农民群众的生活品质和幸福指数，推动社会和谐发展，都有着极其重要的作用和意义。